Romlus Gawala
Sunday Aboyeji

Estimativa da Evapotranspiração para as Necessidades de Água das Culturas

Romlus Gawala
Sunday Aboyeji

Estimativa da Evapotranspiração para as Necessidades de Água das Culturas

ScienciaScripts

Imprint
Any brand names and product names mentioned in this book are subject to trademark, brand or patent protection and are trademarks or registered trademarks of their respective holders. The use of brand names, product names, common names, trade names, product descriptions etc. even without a particular marking in this work is in no way to be construed to mean that such names may be regarded as unrestricted in respect of trademark and brand protection legislation and could thus be used by anyone.

Cover image: www.ingimage.com

This book is a translation from the original published under ISBN 978-613-4-94543-1.

Publisher:
Sciencia Scripts
is a trademark of
Dodo Books Indian Ocean Ltd. and OmniScriptum S.R.L publishing group

120 High Road, East Finchley, London, N2 9ED, United Kingdom
Str. Armeneasca 28/1, office 1, Chisinau MD-2012, Republic of Moldova, Europe
Printed at: see last page
ISBN: 978-620-8-10287-6

ÍNDICE DE CONTEÚDOS

DEDICAÇÃO

Ao Deus Todo-Poderoso, à minha querida esposa Emily e aos meus filhos: Lydia, Melvin, Finley e Kenley.

AGRADECIMENTOS

Um grande agradecimento a Deus Todo-Poderoso, cujas bênçãos me fizeram ser e esforçar-me nas realizações da vida. Gostaria de reconhecer o papel do Governo nigeriano na minha estadia pacífica no grande país da Nigéria. O meu sincero apreço vai para o Gabinete das Nações Unidas para os Assuntos do Espaço Exterior (UNOOSA) por ter facilitado a minha viagem de avião para a Nigéria. A minha mais sincera gratidão ao meu supervisor, Dr. O. S. Aboyeji, pela sua supervisão minuciosa, altruísmo e orientação passo a passo durante todo o período do meu projeto e pelo seu encorajamento e crítica construtiva para a realização deste projeto. Gostaria também de agradecer ao Dr. F.O. Akinluyi, da Universidade Federal de Tecnologia de Akure, (FUTA), Nigéria, pelos seus inestimáveis contributos para a conclusão bem sucedida deste trabalho.

Estou muito grato ao Prof. J. O. Akinyede, Diretor/Chefe Executivo da ARCSSTE-E, ao Dr. O. R. Oladosu, Diretor dos Estudos de Pós-graduação e ao Sr. Obaguo Samam, o Funcionário Administrativo, pelo seu apoio durante todo o período do curso. Foi através de si, do Prof. J.O. Akinyede, do Sr. Sergei Chernikov, (Representante do Gabinete das Nações Unidas para os Assuntos do Espaço Exterior, UNOOSA), e do Prof. S.O. Mohammed, (o Presidente do Conselho de Administração, Dr. S. O. Mohammed), que me permitiram participar na sexta Reunião Anual do Conselho de Administração, a 18th de abril de 2013, realizada na Agência Nacional de Investigação e Desenvolvimento Espacial, NASRDA, em Abuja.

Um agradecimento especial vai também para Sua Excelência o Embaixador Tom Amolo, o Alto Comissário do Quénia na Nigéria, e para o pessoal da Embaixada pelo seu caloroso acolhimento quando visitámos a Chancelaria queniana em Abuja e, juntamente com o Diretor Executivo do Secretariado Nacional do Espaço do Quénia, Dr. J.N. Kimani e a Senhora Margaret Maimba, por terem representado bem o Quénia na reunião. De facto, o Quénia foi o único país representado por mais do que uma pessoa. Estamos orgulhosos de vós.

Gostaria de agradecer o apoio de todos os meus professores por me terem transmitido conhecimentos.

Gostaria também de agradecer sinceramente ao meu supervisor do Hostel, o Sr. Bummy, pelo seu apoio e encorajamento contínuos. Um tributo especial vai também para o Capitão Akom Shadrack, o Capitão Yaduma Hanniel, o Capitão Smith e o Capitão Briamoh (todos do Exército da Nigéria) e Tsebeje, Samuel .Y., (Oficial Científico Principal, Centro de Geodesia e Geodinâmica, NASRDA), pelo seu imenso apoio material e encorajamento espiritual e relacionamento cordial ao longo deste curso. Bravo a todos os participantes do ARCSSTE-E (2013) e, mais ainda, aos participantes do ARCSSTE-E Hostel, tais como: Nizar Osman e Mohamad Mukhtar (Sudão), Sefiya Omogbai (NASRDA-Nigéria), Justice Mustapher (NASRDA-Nigéria), Patrick Essien e Vera Tsali-Brown (Gana), Ogah Orume Joshua e Ogah Ayoo, Olayode Abdulrazaq, e Goodness (NASRDA-Nigéria), Quiah MacAllen (Libéria), Timothy Kuhamba (National Broadcasting do Zimbabué), Norah Kaagwa Kwagala (Uganda), Anagho Fidelity e Ndi Lilian (Camarões) por terem confiado em mim e me terem eleito democraticamente como seu Presidente, cargo que me mereceu o máximo respeito. Quero agradecer à senhora Benta Otieno, ao Eng. Hezborn Ongunya, ao Sr. e à Sra. Owiti pelo seu encorajamento financeiro, moral e espiritual para levar a cabo este programa. Não posso esquecer o apoio material de George Odhiambo de Roma, Itália. Finalmente, um agradecimento especial à minha mãe Jennifer, ao meu irmão John, à minha querida esposa Emily A. Okoth, à filha Lydia Atieno e ao filho Finley Omondi pela sua paciência e apoio para a realização deste trabalho de investigação, sem os quais teria sido difícil realizar este projeto. A todos digo obrigado e que Deus vos abençoe.

ACRÓNIMOS E ABREVIATURAS

AIRS	Atmospheric Infrared Sounder.
AVHRR	Advanced Very High Resolution Spectroradiometer.
AWDN	Automated Weather Data Network stations.
CERES	Cloud and the Earth's Radiand Energy System.
DN	Digital number
EB	Energy Balance.
EOS	Earth Oservation Satellites.
ETa	Actual Evapotranspiration
ET_o	Evapotranspiration.
ETr	Reference Evapotranspiration
FAO	Food and Agriculture Organization.
FIFE	First International Land Climatology Project Field Experiment.
GEWEX	Global Energy and Water Experiment.
GOES	Geostationary Operational Environmental Sattelites.
LANDSAT	Land Satellite.
LEflux	Latent heat flux.
MODIS	Moderate Resolution Infrared Spectroradiometer.
NDVI	Normalized Difference Vegetation Index.
SEBAL	Surface Energy Balance Algorithm for Land.
SRTM	Shuttle Radar Thematic Mapper
WCRP	World Climate Research Programme.

LISTA DE SÍMBOLOS

Kc	Crop Coefficient.
nm	micro-meters.
≈	Approximately.
%	Percentage.
R_n	Is the net solar radiation at the crop surface (MJ/m^2 day).
G	Soil heat flux density (MJ/m^2 day).
T	Mean daily air temperature at 2 m height (°C).
U_2	Wind speed at 2 m height (m/s).
e_s	Saturated air vapor pressure (kPa).
e_a	The actual air vapor pressure (kPa).
Δ	Slope of saturated air vapor pressure curve (kPa/°C).
γ	Is the psychrometric constant (kPa/°C).
P	Is the atmospheric pressure = 101.3 (kPa).
C_p	Specific heat at constant pressure = 1.005 (kJ/kg $_o$C).
ε	Ratio of water vapor molecular weight to dry air = 0.622.
λ	Is the latent heat of vaporization (MJ/kg) given by Harrison

RESUMO

A evapotranspiração é uma das principais componentes do ciclo hidrológico. A estimativa exacta da evapotranspiração real é crucial para uma gestão sustentável dos recursos hídricos, em especial na agricultura, tal como a conceção eficaz dos sistemas de irrigação. A evapotranspiração de referência é um reflexo da influência das condições climatéricas na evaporação e na transpiração. Pouco trabalho tem sido feito para encontrar a taxa real de evapotranspiração das explorações agrícolas. Por conseguinte, o principal objetivo deste trabalho de investigação é estimar a quantidade de evapotranspiração das culturas de uma exploração agrícola para uma gestão adequada dos recursos hídricos para irrigação. Neste trabalho, os dados de satélite utilizados são imagens Landsat 7 TM de março de 1995. A metodologia envolve a correção atmosférica, a determinação do NDVI, que serve de entrada para a fração de cobertura vegetal. A evapotranspiração de referência é calculada a partir dos dados pontuais obtidos a partir dos dados pontuais das estações meteorológicas. A evapotranspiração real é obtida a partir do produto da evapotranspiração de referência e da fração de coberto vegetal. O software utilizado inclui o ENVI 4.7, o ERDAS Imagine 9.2, o ArcGIS 10.0, o FAOCLim2 da FAO e o ETo e a calculadora ETo da FAO. A evapotranspiração real mensal foi calculada a partir de dez estações da Rede Automática de Dados Meteorológicos (AWDN) dentro e à volta da área de estudo, ou seja, o condado de Siaya, no Quénia. Os resultados obtidos indicam um NDVI mínimo de -9,0, um máximo de +0,9 com um valor NDVI médio de 0,154. A fração de cobertura vegetal é de 35,2% e a evapotranspiração real é baixa nas margens do lago, mas o valor aumenta à medida que se afasta do lago para a terra firme. A evapotranspiração de referência varia entre 1,2 mm/mês e 4,3 mm/mês. A evapotranspiração real varia de 0mm/mês a 3,1mm/mês. Estes valores estão representados nos mapas deste trabalho e são importantes para os gestores agrícolas saberem a quantidade de água a aplicar na irrigação de uma determinada área.

CAPÍTULO 1

INTRODUÇÃO

1.1 Antecedentes

A evaporação é o processo pelo qual a água líquida é convertida em vapor de água (vaporização) e removida da superfície de evaporação (remoção de vapor). A água evapora-se de uma variedade de superfícies, tais como lagos, rios, pavimentos, solos e vegetação húmida. É necessária energia para mudar o estado das moléculas de água de líquido para vapor. A radiação solar direta e, em menor grau, a temperatura ambiente do ar fornecem essa energia. Para além da disponibilidade de água na camada superficial do solo, a evaporação de um solo cultivado é determinada principalmente pela fração da radiação solar que atinge a superfície do solo. Esta fração diminui ao longo do período de crescimento, à medida que a cultura se desenvolve e o dossel da cultura sombreia cada vez mais a área do solo. Quando a cultura é pequena, a água é perdida predominantemente por evaporação do solo, mas quando a cultura está bem desenvolvida e cobre completamente o solo, a transpiração torna-se o processo principal. A força motriz que remove o vapor de água da superfície de evaporação é a diferença entre a pressão do vapor de água na superfície de evaporação e a da atmosfera circundante.

A evaporação pode ser classificada em duas: Evaporação potencial e evaporação real. A evaporação potencial é definida como a quantidade de evaporação que ocorreria se existissem fontes de água suficientes. Por outro lado, a evaporação real é a quantidade de água que é evaporada num dia normal. A evaporação potencial é o valor máximo da evaporação real. Hongjie *et al.,* (2002) e Kalluri *et al.,* (2003) explicaram que a transpiração inclui a vaporização da água líquida contida nos tecidos das plantas e a transferência de vapor para a atmosfera. Islam (2005) descobriu que a evapotranspiração real de uma cultura pode ser calculada a partir do coeficiente de cultura (Kc) multiplicado pela evapotranspiração de referência. Os coeficientes de cultura podem ser avaliados a partir de mapas de uso do solo e do calendário de culturas. Os mapas de utilização do solo mostram os tipos de culturas na zona de estudo, enquanto o calendário de culturas apresenta a fase de crescimento das culturas. Assim, o valor do coeficiente de cultura depende do tipo e da fase de crescimento da cultura. Por outro lado, a ETo pode ser estimada utilizando parâmetros meteorológicos como a temperatura, a humidade, a velocidade do vento e a radiação solar líquida. Estes parâmetros são os elementos do método Penman-Monteith da FAO, que foi recomendado como método padrão para a definição e o cálculo da evapotranspiração de referência. No entanto, antes de este método Penman-Monteith da FAO se tornar a norma aceite, foram utilizados muitos métodos para a estimativa da ETo. Estes incluíam as fórmulas de Penman (1948), Monteith (1965), Priestly e Taylor, (1972) e Hargreaves e Samani, (1985).

A transpiração, por outro lado, consiste na vaporização da água líquida contida nos tecidos das plantas e na remoção do vapor para a atmosfera. As culturas perdem predominantemente a sua água através dos estomas. A evaporação e a transpiração ocorrem em resposta às exigências climáticas. A transpiração, tal como a evaporação direta, depende do fornecimento de energia, do gradiente de pressão de vapor e do vento. Assim, a radiação, a temperatura do ar, a humidade do ar e os termos do vento devem ser considerados ao avaliar a transpiração. O teor de água do solo e a capacidade do solo para conduzir a água até às raízes também determinam a taxa de transpiração, tal como o encharcamento e a salinidade da água do solo. A taxa de transpiração é também influenciada pelas caraterísticas da cultura, pelos aspectos ambientais e pelas práticas de cultivo.

Diferentes tipos de plantas podem ter diferentes taxas de transpiração. Não só o tipo de cultura, mas também o desenvolvimento da cultura, o ambiente e a gestão devem ser considerados ao avaliar a transpiração. A evapotranspiração é, portanto, a combinação dos processos de evaporação e transpiração, através dos quais a água se perde, por um lado, da superfície do solo por evaporação e, por outro, da cultura. A evapotranspiração é maior em dias quentes, ensolarados e secos e menor em dias frescos, nublados e húmidos.

A importância de conhecer a quantidade de evapotranspiração é essencial para determinar a quantidade de água necessária para regar uma exploração agrícola. A necessidade de irrigação para qualquer cultura é a quantidade de água que deve ser aplicada para satisfazer as necessidades de evapotranspiração da cultura (ETo) e evitar o stress hídrico da planta. O stress é considerado como uma alteração em qualquer fator ambiental que tem um impacto na planta, afectando a sua resposta bioquímica e fisiológica a essas alterações, e que pode, por vezes, conduzir a danos ou lesões. Isto acontece quando as operações fisiológicas da planta são afectadas negativamente. Estes processos incluem a translocação de alimentos manufacturados. Um exemplo de stress hídrico nas plantas é a murchidão.

O stress hídrico das plantas ocorrerá se a ETo for limitada porque a água não está disponível para as plantas. O stress hídrico ocorrerá mais rapidamente em dias de elevada exigência climática. O stress hídrico é evitado pela precipitação ou pela irrigação para fornecer à cultura a água necessária para a evaporação e a transpiração. A quantidade de ETo inclui a água necessária tanto para a evaporação como para a transpiração. A evaporação ocorre a partir de todas as superfícies húmidas, incluindo o solo, a água e as plantas. A quantidade de evaporação nestas três fontes depende principalmente da quantidade de energia disponível para a transformação da água da forma líquida para a forma de vapor. Esta energia depende principalmente da energia solar que incide sobre a superfície da Terra.

A evapotranspiração é uma componente fundamental para os ecossistemas terrestres, não só para o seu balanço energético, mas também para o seu balanço de massa. Uma vez que a energia de superfície e as trocas de água são dois processos-chave que podem determinar em grande medida as caraterísticas do ambiente, os cientistas de todo o mundo concentram-se na investigação da ETo, especialmente no balanço hídrico e nas práticas regionais de gestão sustentável da água. As estimativas da ETo real são importantes para compreender o balanço hídrico regional, as necessidades de irrigação, a estabilidade da camada limite atmosférica e a previsão meteorológica. Em circunstâncias normais, é difícil medir a ETo diretamente e, na maioria das aplicações, a ETo é estimada através de modelos. Além disso, a ETo é o processo pelo qual a água é libertada para o ar por evaporação do solo e transpiração das superfícies das plantas. A quantificação fiável da ETo não é apenas uma tarefa importante para os gestores agrícolas que lidam com a gestão dos recursos hídricos, mas também um desafio para os cientistas que trabalham na agricultura. Isto porque a ETo é difícil de medir diretamente e tem de ser estimada através de modelos teóricos.

O processo de ETo constitui uma das principais fases do ciclo hidrológico ou da água. Um dos factores distintivos da ETo é o papel que desempenha como elemento de ligação entre os ciclos da energia e da água. O calor latente de vaporização, que é a energia oculta necessária para a evaporação da água, serve como a maior fonte de calor para a atmosfera, sendo assim significativo na dinâmica do tempo e do clima. É de notar aqui que a transferência de calor latente, ou seja, o fluxo de calor latente (LEflux), é sempre acompanhada pela transferência de vapor, ou seja, a evapotranspiração. Assim, os termos fluxo de calor latente e evapotranspiração (ou evaporação) podem ser usados indistintamente.

Verificou-se que a procura de recursos hídricos, juntamente com a estagnação da oferta ou a diminuição da disponibilidade de água, é um problema crítico. Por esta razão, a investigação científica sobre os recursos hídricos é necessária para conhecer a quantidade de componentes do orçamento hídrico e a sua distribuição espacial. Segundo Telis *et al.,* (2007) e Papadavid, (2011), a evapotranspiração (ETo) é o meio de exploração da água de rega e constitui uma componente importante do ciclo hidrológico. Hoedjes *et al.,* (2008), por outro lado, considera a ETo como um parâmetro básico e crucial para estudos climáticos, previsões e modelação meteorológicas, estudos hidrológicos, monitorização ecológica e gestão de recursos hídricos.

Tsouni, (2003) observou que, nas últimas décadas, a estimativa da ETo, combinando medições meteorológicas convencionais no solo com dados obtidos por deteção remota, tem sido amplamente estudada e vários métodos têm sido desenvolvidos para este fim. A este respeito, Hoedjes *et al.,* (2008) e Papadavid *et al.,* (2011) acrescentaram que, para efeitos de gestão dos recursos hidrológicos e programação da rega, é necessário considerar uma estimativa exacta da ETo. No seu trabalho, Telis *et al.,* (2007) e Rogers et al., (2007) descobriram que a taxa de evapotranspiração das culturas é muito importante em várias áreas do sector agrícola, como para a identificação do stress das culturas, da deficiência hídrica, para estimar as necessidades potenciais exactas das culturas para obter os melhores rendimentos. Segundo eles, os métodos de esgotamento da água, como os lisímetros, são os métodos mais exactos para estimar a ETo. Os métodos que utilizam parâmetros meteorológicos para estimar a ETo de diferentes culturas estão bem estabelecidos e são utilizados em vários estudos.

A evapotranspiração é vista como uma das principais componentes do ciclo da água e a importância da sua estimativa exacta é óbvia. No entanto, isto é difícil de conseguir na prática porque a evapotranspiração real não pode ser medida diretamente e varia consideravelmente no tempo e no espaço. Nos últimos 50 anos, foi desenvolvido um grande número de métodos mais ou menos empíricos em todo o mundo para estimar a evapotranspiração a partir de diferentes variáveis climáticas e meteorológicas. A análise do desempenho dos vários algoritmos revelou a necessidade de formular um método padrão para o cálculo da evapotranspiração de referência das culturas.

1.2 Declaração do problema

Foram efectuados muitos trabalhos de investigação para determinar a taxa de evapotranspiração em várias partes do mundo. No entanto, muito pouco foi feito no Quénia. A maioria dos agricultores e gestores agrícolas depende da agricultura de sequeiro, que depende do clima. Por conseguinte, é necessário realizar um trabalho semelhante no Quénia, um país altamente valorizado pela agricultura. Este trabalho visa estimar a taxa de evapotranspiração do condado de Siaya, no Quénia. Espera-se que os resultados aqui obtidos sirvam de guia e possam ser reproduzidos noutras partes do país e noutras partes do mundo.

Uma vez que a evapotranspiração é uma componente importante do ciclo hidrológico, o conhecimento da quantidade exacta de água necessária para as diferentes culturas num determinado ambiente climático é importante para a gestão dos recursos hídricos agrícolas, tais como o planeamento do esquema de irrigação, a programação da irrigação, a conceção eficaz, a operação e a gestão do sistema de irrigação. Os valores da evapotranspiração são importantes para compreender e eventualmente intervir no ciclo da água dos sistemas naturais, especialmente para estimar o balanço hídrico dos diferentes utilizadores críticos da água, como as áreas irrigadas e as suas culturas.

A maioria dos pequenos e médios agricultores depende da agricultura de sequeiro. No entanto, é difícil prever a quantidade de precipitação que será suficiente para as culturas, uma vez que as alterações meteorológicas e a dinâmica das condições climáticas são difíceis de prever. No caso da agricultura em grande escala com espécies de culturas homogéneas, é importante conhecer o orçamento hídrico das culturas para uma produção alimentar sustentável. A estimativa exacta da evapotranspiração real é necessária para uma gestão sustentável dos recursos hídricos, em particular no domínio da agricultura, especialmente quando há uma procura crescente e uma disponibilidade decrescente dos recursos hídricos.

1.3 Objetivo

Estimar a evapotranspiração para determinar as necessidades hídricas das culturas, utilizando dados de deteção remota.

1.4 Objectivos específicos

(i) Determinar o NDVI da área de estudo.

(ii) Estimar a fração de cobertura vegetal da área de estudo.

(iii) Estimar a evapotranspiração real da área de estudo.

1.5 Importância do estudo

Espera-se que os resultados deste projeto melhorem a gestão eficaz e eficiente dos recursos hídricos agrícolas, tais como o planeamento de sistemas de irrigação. Ou seja, os conhecimentos aqui obtidos serão importantes para os gestores agrícolas na quantificação exacta para a conceção, operação e gestão dos sistemas de irrigação. Uma investigação levada a cabo pela FAO Bruinsman, (2003) concluiu que as crescentes necessidades agrícolas e uma política de irrigação incorrecta conduziram o mundo a uma grande crise de água nos próximos anos. As necessidades da agricultura de regadio são estimadas em cerca de 70% do total dos recursos humanos de água doce disponíveis em todo o mundo. Por outro lado, Ismail, (2002) percebeu que as principais razões para o aumento da utilização da água na agricultura de regadio para cerca de 85% da quota total de água do rio Nilo, 55,5 milhões, podem dever-se à ausência de irrigação adequada e a uma estimativa errada da água para diferentes culturas no Egito. Os profissionais da irrigação precisam de conhecer as mais recentes ideias e informações sobre o cálculo das necessidades hídricas das culturas.

1.6 Questões de investigação

(i) Qual é o NDVI da área de estudo?

(ii) Qual é a fração de cobertura vegetal?

(iii) Qual é a quantidade real de evapotranspiração?

1.7 Justificação

A taxa de evapotranspiração das culturas é muito importante em várias áreas do sector agrícola, por exemplo, para identificar o stress das culturas, a deficiência hídrica e para estimar as necessidades potenciais exactas das culturas para obter os melhores rendimentos. É bem aceite que os métodos de esgotamento da água, como os lisímetros, são os métodos mais precisos para estimar a ETo. De acordo com Telis *et al.,* (2007) e Rodgers *et al.,* (2007), vários métodos que utilizam parâmetros meteorológicos para estimar a ETo de diferentes culturas estão bem estabelecidos e são utilizados por vários estudos. No seu trabalho, Courault *et al.,* (2005) descobriram que também foram desenvolvidos vários métodos semi-empíricos para estimar a evapotranspiração a partir de diferentes variáveis climáticas. Os valores de reflectância obtidos por deteção remota podem ser utilizados em combinação com outras informações pormenorizadas para estimar a ETo de diferentes culturas. Papadavid *et al.,* (2010) reconheceram a potencialidade das técnicas de teledeteção na estimativa da ETo e na gestão dos recursos hídricos. A possibilidade de monitorizar a procura de irrigação a partir do espaço é um fator e uma ferramenta importantes para os decisores políticos. Papadavid *et al.,* (2011) estabeleceram que a poupança de água de rega através de técnicas de teledeteção pode diminuir os custos de rega das explorações agrícolas, que atingem 25% dos custos totais, e aumentar a margem de lucro líquido.

1.8 A área de estudo

O estudo abrangeu o condado de Siaya e os seus arredores. O condado de Siaya, como mostra a Figura 1.0 abaixo, é um dos quarenta e sete condados do Quénia que foram criados pela nova constituição de agosto de 2010. É um dos 12 condados que compõem a província de Nyanza. O condado situa-se entre as latitudes 0^0 26' e 0° 18' Norte e as longitudes 33^0 58' Este e 34° 33' Oeste. Situado em Nyanza, faz fronteira com o condado de Busia a noroeste, o condado de Kakamega a nordeste, o condado de Vihiga e Kisumu a leste e o Lago Vitória a sul. Tem uma extensão aproximada de 2.530 km^2 . Esta área de estudo foi escolhida devido à importância agrícola que lhe é atribuída pela comunidade.

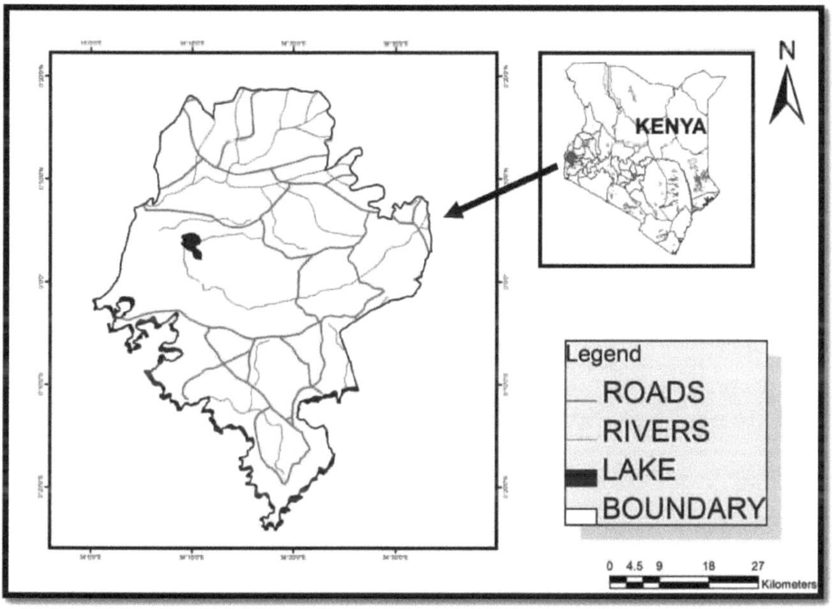

Figura 1.0: Mapa topográfico do Condado de Siaya

1.8.1 Clima

O Condado de Siaya regista duas estações chuvosas. As chuvas longas caem entre março e junho, com um pico em abril e maio. As chuvas curtas não duram tanto tempo e caem normalmente entre finais de setembro e novembro. No passado, o padrão era consistente, mas atualmente pode ser imprevisível, tendo um impacto negativo na agricultura. A temperatura mínima média é de 15°C e a temperatura máxima média é de 30°C. A humidade é relativamente elevada e a evaporação média situa-se entre 1800 mm e 2000 mm por ano.

A geografia do terreno influencia a distribuição e a quantidade de precipitação. O condado é mais seco na parte ocidental, em direção a Bondo, e mais húmido nas altitudes mais elevadas da parte oriental. Nas terras altas, a precipitação varia entre 800-2000 mm por ano. As zonas mais baixas recebem entre 800-1600mm.

1.8.2 Solo

O principal tipo de solo é o ferrassolo e a sua fertilidade varia de moderada a baixa, sendo a maioria dos solos incapaz de produzir sem a utilização de fertilizantes orgânicos, inorgânicos ou, na maioria dos casos, de ambos os tipos de fertilizantes. A maioria das áreas tem murram subjacente com fraca retenção de humidade.

1.8.3 Geologia

O Distrito tem três grandes áreas geo-morfológicas: terras altas dissecadas, terras baixas moderadas e o pântano de Yala. Estas zonas têm relevo, solos e uso da terra diferentes. A altitude do distrito aumenta de 1140m acima do nível do mar na parte oriental para 1400m na parte ocidental. As poucas colinas encontradas no distrito incluem Mbaga, Odiado, Akala, Regea, Got Abiero, Uyawi, Usenge, Got Ramogi e Nyambare. Os rios Nzoia e Yala atravessam o distrito e despejam as suas águas no Lago Vitória através do pântano de Yala. Estas caraterísticas físicas têm influência no potencial de desenvolvimento do distrito. As áreas de elevada altitude que formam as divisões de Yala, Ukwala e Ugunja têm maior pluviosidade e são, por conseguinte, adequadas para a agricultura e a criação de gado. Os rios Nzoia, Yala e o lago Kanyaboli têm um grande potencial de irrigação. As zonas de baixa altitude de Boro, Uranga, Rarieda, Bondo e Wagai recebem menos precipitação e são adequadas para o cultivo de algodão.

CAPÍTULO 2

REVISÃO DA LITERATURA

2.1 Reflectância Espectral, Vegetação e Índice de Vegetação por Diferença Normalizada (NDVI)

Reconheceu-se que as medições do índice de vegetação obtidas a partir de observações de deteção remota são muito promissoras como meio de melhorar o conhecimento do padrão de vegetação. Para o efeito, são possíveis diferentes rácios de bandas, desde que o número de bandas espectrais da imagem de satélite esteja disponível. Para o efeito, várias combinações matemáticas de bandas de satélite foram consideradas sensíveis a indicadores da presença e do estado da vegetação verde. Estas combinações de bandas são assim designadas por índices de vegetação. Deering e Hass, (1980) reconheceram o papel dos índices de vegetação como o método dominante para a identificação da área de vegetação e a deteção de alterações utilizando dados de deteção remota. Tucker (1979) definiu os índices de vegetação como algoritmos destinados a simplificar os dados de múltiplas bandas de reflectância para um único valor correlacionado com parâmetros físicos da vegetação (como a biomassa, a produtividade, o índice de área foliar ou a percentagem de cobertura vegetal). A ciência subjacente ao NDVI é que uma folha saudável tem caraterísticas espectrais típicas, que diferem em função das três principais bandas espectrais ópticas. Nas bandas visíveis (400-700nm), a absorção de luz pelos pigmentos domina o espetro de reflectância da folha. Isto resulta numa menor reflectância (máximo de 15%). São identificadas duas bandas de absorção principais: No azul (450nm) e no vermelho (650nm), que se deve à absorção dos dois principais pigmentos da folha: a clorofila a e b, que representam 65% do total de pigmentos da folha das super plantas.

Verificou-se que estas bandas de absorção fortes induzem um pico de reflectância na banda amarelo-verde (550 nm). É por esta razão que a clorofila é chamada de pigmento verde. Outros pigmentos das folhas também têm um efeito importante no espetro visível. Por exemplo, o pigmento amarelo a vermelho-alaranjado, o caroteno, tem uma forte absorção na faixa de 350-500 nm e é responsável pela cor de algumas flores e frutos, bem como de folhas sem clorofila. O pigmento vermelho e azul, as xantofilas, tem uma forte absorção na gama de 350-500 nm e é responsável pela cor das folhas no outono. No domínio do espetro do infravermelho próximo (700-1300 nm), a estrutura da folha explica as propriedades ópticas. O pigmento e a celulose da folha são transparentes aos comprimentos de onda do infravermelho próximo e, por conseguinte, a absorção da folha é muito pequena (máximo de 10%), mas não a reflectância e a transmitância da folha, que podem atingir 50%. Nesta região, existe normalmente um patamar de reflectância no espetro da folha. O nível deste patamar depende da estrutura interna da folha, bem como da quantidade de espaço no mesófilo que determina interfaces com diferentes índices de reflexão (células de ar ou de água). A reflectância da folha aumenta para formas e conteúdos celulares mais heterogéneos, bem como com o aumento do número de camadas celulares, do número de espaços intercelulares e do tamanho das células. Esta reflectância depende, portanto, da espessura relativa do mesófilo. Para minimizar o efeito, na resposta radiométrica da copa das árvores, de factores como as propriedades ópticas do fundo do solo, a iluminação e a geometria da vista, bem como de factores meteorológicos (vento, nuvens), a reflectância de banda única é combinada num índice de vegetação. Um índice de vegetação ideal deve ser sensível ao dossel das plantas (a parte verde) e não ao solo. A maioria dos índices de vegetação baseados em rácios utiliza, como banda espetral, o vermelho, que está relacionado com a absorção da luz da clorofila, e o infravermelho próximo, que está relacionado com a densidade da vegetação verde, porque esta banda contém mais de 90% da informação sobre a copa de uma planta. Assim, os componentes fotossinteticamente activos das plantas, principalmente as folhas, produzem um padrão de reflectância escalonado com baixa reflectância no visível e alta reflectância no infravermelho próximo. Este padrão de reflectância espetral da vegetação verde resulta de uma forte absorção da luz visível pela clorofila e pigmentos relacionados e da dispersão, devido às propriedades estruturais da folha, mas de uma absorção mínima da luz no infravermelho próximo. Na sua apresentação, Rouse *et al.* (1974), Kauth e Thomas, (1976), Richardson e Wiegand, (1977), Tucker, (1979), Jackson,

(1983) afirmaram que vários índices espectrais de vegetação se baseiam nos contrastes da reflectância espetral entre a vegetação verde e os materiais de fundo. O NDVI é calculado numa base por pixel como a diferença normalizada entre as bandas do vermelho e do infravermelho próximo de uma imagem:

$$\text{NDVI}=\frac{(NIR-RED)}{(NIR+RED)}$$

Onde *NIR* é o valor da banda de infravermelho próximo para uma célula e *RED* é o valor da banda vermelha para a célula. O NDVI pode ser calculado para qualquer imagem que tenha uma banda vermelha e uma banda de infravermelho próximo. A interpretação biofísica do NDVI é a fração de radiação fotossinteticamente ativa absorvida.

2.1.1 Factores que afectam o NDVI

Muitos factores afectam os valores do NDVI, como a atividade fotossintética das plantas, a cobertura vegetal total, a biomassa, a humidade das plantas e do solo e o stress das plantas. Por este motivo, o NDVI está correlacionado com muitos atributos do ecossistema que são de interesse para os investigadores e gestores (como a produtividade primária, o coberto vegetal e o coberto vegetal). Também porque é um rácio de duas bandas, o NDVI ajuda a compensar as diferenças de iluminação dentro de uma imagem devido à inclinação e ao aspeto, e as diferenças entre imagens devido a factores como a hora do dia ou a estação do ano em que as imagens foram obtidas. Assim, os índices de vegetação como o NDVI não são uma panaceia para a avaliação e monitorização das pastagens.

2.1.2 Limitações do NDVI

O NDVI está correlacionado com uma série de atributos que são de interesse para os ecologistas e gestores de pastagens (como a percentagem de cobertura de solo nu e vegetação, biomassa). Não é, no entanto, uma medida direta desses atributos. É uma medida de "verdura" produzida pela relação entre a luz infravermelha e vermelha que é reflectida pela superfície. Embora a interpretação biofísica do NDVI seja a fração da radiação fotossinteticamente ativa absorvida pela superfície, há muitos factores que influenciam a força da relação entre o NDVI e os atributos do ecossistema das pastagens. Estes incluem: condições atmosféricas, escala das imagens, humidade da vegetação, cobertura vegetal global, diferença no tipo de solo, gestão, etc. É importante, quando se utilizam dados NDVI na análise, que sejam tomadas medidas para compreender e, na medida do possível, controlar os factores que possam estar a afetar os valores NDVI antes de se poderem fazer interpretações das diferenças de NDVI entre áreas ou dentro da mesma área ao longo do tempo.

A luz da superfície do solo pode influenciar em grande medida os valores NDVI. Este facto é particularmente preocupante em aplicações de pastagens, porque muitos ambientes semi-áridos e áridos tendem a ter uma maior cobertura de solo nu e rocha exposta do que outros habitats temperados ou tropicais. Na sua investigação, Huete e Jackson, (1988) descobriram que o impacto da superfície do solo nos valores NDVI era maior em áreas com uma cobertura vegetal entre 45% e 70%. Esta limitação foi a principal razão para o desenvolvimento de vários índices diferentes ajustados ao solo (por exemplo, Índice de Vegetação Ajustado ao Solo, Índice de Vegetação Ajustado ao Solo Modificado). Estes índices tendem a ser preferidos para aplicações em pastagens.

Para além disso, a influência da superfície do solo no limite inferior do coberto vegetal, o NDVI também sofre de uma perda de sensibilidade a alterações na quantidade de vegetação no limite superior do coberto/biomassa. Isto significa que, à medida que a quantidade de vegetação verde aumenta, a alteração do NDVI torna-se cada vez mais pequena. Isso significa que, em valores muito altos de NDVI, uma pequena mudança no NDVI pode, na verdade, representar uma mudança muito grande na vegetação. Este tipo de mudança de sensibilidade é problemático para a análise de áreas com uma grande quantidade de vegetação fotossinteticamente ativa. Isto pode ser um problema em ecossistemas de pastagens se estivermos interessados em avaliar as alterações nas zonas ribeirinhas. Em tais situações, é aconselhável utilizar outro índice vegetativo com melhor sensibilidade a situações de cobertura vegetal elevada, como o Índice de Vegetação Melhorado ou o Índice de Vegetação de Ampla Gama Dinâmica.

2.1.3 Significado do NDVI

O NDVI é importante em muitos aspectos. É útil para saber a quantidade de água presente nas plantas. É útil na identificação de culturas infestadas por danos causados por insectos. Permite aos agricultores distinguir as culturas das ervas daninhas. Foi aplicado pela FAO das Nações Unidas nos seus sistemas de alerta precoce de segurança alimentar. Assim, é possível saber a quantidade de alimentos que pode ser suficiente para alimentar a população do país. O NDVI é um fator importante para o modelo de crescimento das culturas e também para os modelos de alterações climáticas. Dá uma indicação sobre a qualidade da biomassa (t/ha) e a saúde da vegetação.

2.1.4 Interpretação do NDVI

O princípio subjacente ao NDVI foi explicado por Tucker (1979), Jackson *et al.* (1983) e Tucker *et al.* (1991) do seguinte modo O canal 1 situa-se na região da luz vermelha do espetro eletromagnético, onde a clorofila provoca uma absorção considerável da luz solar recebida, ao passo que o canal 2 se situa na região do infravermelho próximo do espetro eletromagnético, onde a estrutura esponjosa da mesofila foliar de uma planta cria uma reflexão considerável. Consequentemente, a vegetação saudável em crescimento vigoroso tem pouca luz vermelha e, por isso, uma elevada reflectância no infravermelho próximo e, consequentemente, valores elevados de NDVI. Este algoritmo produz valores de saída no intervalo de -1,0 a +1,0. O aumento dos valores positivos de NDVI mostra o aumento dos tons de verde nas imagens, indicando quantidades crescentes de vegetação verde. Os valores de NDVI próximos de zero e os valores negativos decrescentes indicam caraterísticas não vegetativas, tais como superfícies estéreis (rocha e solo) e água, neve, gelo e nuvens.

2.2 O conceito de Evaporação

O conceito de "evaporação", de acordo com Brutseart (1982), é conhecido desde 500 AC. No entanto, a compreensão dos factores determinantes foi alcançada nas duas últimas décadas. Dalto, (1802) foi o primeiro a apontar a relação entre o défice de pressão de vapor ($\rho_{sat}-\rho_{act}$) do ar próximo da superfície e a taxa de evaporação. De acordo com Blaney e Criddle, (1950), Hargreaves, (1975), Thornthwaite,

(1948) e Wilm, (1944), muitas outras relações empíricas foram desenvolvidas mais tarde com base noutros factores ambientais. Penman, (1948), desenvolveu a sua equação de evaporação para superfícies que não são limitadas pela água. Baseou-se em considerações de energia disponível e na teoria do fluxo turbulento. Foi Montieth, (1964) que mais tarde desenvolveu uma versão modificada da equação de Penman para a resistência da superfície ou da copa das árvores, a agora conhecida equação combinada Penman-Monteith. Isto permitiu o controlo da vegetação sobre as taxas de transpiração.

Mais tarde, Priestley e Taylor (1972) desenvolveram uma abordagem mais simples e eficaz para a superfície regada. Introduziram uma constante de menos uma unidade, α, com um valor padrão de 1,26, na equação de Penman que representava os termos de temperatura e aerodinâmicos. Stannard, (1993) referiu que as experiências de campo realizadas por Barton, (1979), Davies e Allen, (1973), Fisher *et al.*, (2005), Flint e Childs, (1991), indicaram que o valor de α estava empiricamente relacionado com a humidade do solo, e que o valor diminuía em relação ao seu valor padrão para superfícies sujeitas a stress hídrico. De acordo com Ball *et al.*, (1987), Dickinson *et al.*, (1998), Dolman *et al.*, (1991), Jarvis, (1976), Sellers *et al.*, (1986) e Wright *et al.*, (1995), muitos estudos subsequentes foram realizados para incluir os chamados factores de stress (défice de pressão de vapor, temperatura, humidade do solo e radiação solar) na formulação da condutância superficial.

Sellers *et al.*, (1995), afirma que, com a adição de uma banda térmica no LANDSAT 3 (lançado em 1978) e, mais tarde, com o aumento da resolução e das bandas térmicas no LANDSAT 4 (1982), foi possível obter classificações do solo e temperaturas da superfície em alta resolução (30 m no visível e 120 m no térmico). Estas observações levaram à obtenção de campos espaciais de ETo de alta resolução que foram utilizados na experiência de campo FIFE (First International Land Climatology Project Field Experiment) para melhorar as parametrizações da superfície terrestre nos modelos climáticos. Allen *et al.*, (2007), Bastiaanssen *et al.*, (1998), Norman *et al.*, (2003), Su, 2002 e Su *et al.*, (2005) acrescentam que este facto ajudou a desenvolver estimativas da ETo para a gestão da irrigação, principalmente com base em abordagens de fluxo de calor turbulento.

Estas abordagens, frequentemente designadas por algoritmos de balanço de energia (EB), baseiam-se no gradiente de temperatura entre a superfície e a atmosfera sobrejacente para estimar a transferência de calor turbulenta (ou seja, o fluxo de calor sensível, H_{flux}), sendo o fluxo de calor latente calculado como um resíduo da energia disponível (R_{net}-G_{flux}) e H_{flux}. Dada a alta resolução (120 m) dos dados de temperatura à superfície do LANDSAT e as temperaturas do ar à superfície mais uniformes, estes algoritmos têm-se revelado úteis para a gestão da rega, porque os campos com grandes gradientes de temperatura (T_{surf}-T_{air}) indicam uma baixa ETo, sugerindo condições de stress. Embora os dados do LANDSAT sejam valiosos para estimar a ET em resoluções espaciais elevadas, a faixa limitada leva a um compromisso na resolução temporal (~17 dias). Em alternativa, as observações de menor resolução (1 a 2 km) do Radiospectrómetro Avançado de Muito Alta Resolução (AVHRR) e os dados térmicos dos satélites geoestacionários (Geostationary Operational Environmental Satellites; GOES), embora disponíveis desde o final da década de 1970, não têm sido amplamente utilizados para a ET a grande escala devido a uma série de questões, tais como: acessibilidade dos dados (GOES), falta de dados auxiliares sobre a radiação e a vegetação, armazenamento informático limitado, entre outras. No âmbito do programa do Sistema de Observação da Terra (EOS) da NASA, os sensores da plataforma Aqua (especificamente o Espectrorradiómetro Infravermelho de Resolução Moderada (MODIS), a Sonda Infravermelha Atmosférica (AIRS) e o Sistema de Energia Radiante da Terra e das Nuvens (CERES) oferecem as observações necessárias da radiação solar e de ondas longas

(CERES), temperaturas superficiais (da pele e do ar) e humidade atmosférica (AIRS), e propriedades da vegetação e da superfície terrestre, como o coberto de neve, a emissividade e o albedo (MODIS) para a estimativa da ET à escala global. Embora a resolução seja demasiado baixa (5 a 25 km) para muitas aplicações de gestão da água e da irrigação, parece ser suficiente para as aplicações climáticas previstas no âmbito da iniciativa Landflux (LandFlux Assessment and Organization Workshop, Toulouse, França) do Programa Mundial de Investigação Climática (WCRP) Global Energy and Water Experiment (GEWEX).

Jimenez *et al.*, no prelo, e Mueller *et al.*, (2010) afirmaram que o GEWEX identificou a quantificação da ETo para a superfície terrestre global como um fator crítico para uma melhor compreensão do sistema climático da Terra. Afirmaram que a ETo é um fator importante para compreender os complexos mecanismos de retroação entre a superfície terrestre e a atmosfera circundante e que, à escala global, a ETo é igual à precipitação. Shiklomanov e Sokolov, (1985), observaram que aproximadamente 62% da precipitação sobre os continentes é evaporada e transpirada numa escala anual. No entanto, estas estimativas da superfície terrestre não descrevem adequadamente a variabilidade à escala regional e continental resultante da heterogeneidade da superfície terrestre e das influências climáticas regionais. Assim, existe a necessidade de um produto de ETo completamente observacional, espacial e temporalmente contínuo. Isto só é possível através de produtos de deteção remota por satélite e pode ser conseguido utilizando medições de vários sensores a bordo dos satélites de órbita polar EOS. Prevê-se que este conjunto de dados ajude os investigadores a compreender melhor os orçamentos continentais de água e energia, que são objectivos fundamentais do Sistema de Energia e Água (NEWS) da NASA e do programa GEWEX do WCRP. Fisher *et al.*, (2008) sugeriram que as estimativas continentais de ETo farão avançar a nossa compreensão do estado médio e da variabilidade espacial e temporal desta componente significativa do ciclo da água.

2.2.1 Consumo de água das culturas

Verificou-se que, nos últimos vinte anos, os investigadores têm vindo a trabalhar na forma de calcular o consumo de água das culturas através da teledeteção, sobretudo nos modelos de balanço de energia. Kustes e Norman, (1996), Bastiaanssen, (1998) e Menenti, (2000) fizeram uma revisão deste trabalho. Alguns modelos de balanço de energia que foram desenvolvidos desde então incluem: TSEB por Norman *et al.*, (1995), SEBAL, por Bastiaanssen, (1995), SEBI, por Monenti, (2000). De acordo com Vidal e Perrier, (1989); Choudhury, (1994) e Granger, (1997), alguns outros modelos foram desenvolvidos para calcular a evapotranspiração. São necessários satélites de alta resolução espacial para a monitorização da ETo. No entanto, esta lista restringe-se aos satélites com capacidade para calcular a temperatura à superfície. Isto deve-se ao facto de o fluxo de calor latente de vaporização ser determinado pela temperatura. De facto, alguns satélites de resolução espacial mais grosseira, com uma dimensão de pixel de até 1 km, ainda são utilizados para a monitorização temporal da ETo dos sistemas de irrigação. Os satélites de maior resolução espacial, geralmente para fins meteorológicos, mesmo que sejam largamente utilizados nos GCM, não são utilizados para a monitorização das culturas.

2.2.2 Evapotranspiração e ciclo da água

A evapotranspiração é uma perda significativa de água das bacias de drenagem. Os tipos de vegetação e a utilização do solo afectam significativamente a evapotranspiração e, por conseguinte, a quantidade de água que sai de uma bacia de drenagem. Como a água transpirada pelas folhas provém das raízes, as plantas com raízes profundas podem transpirar água de forma mais constante. As plantas herbáceas transpiram geralmente menos do que as plantas lenhosas porque têm normalmente uma folhagem menos extensa. As florestas de coníferas tendem a ter taxas de evapotranspiração mais elevadas do que as florestas de caducifólias, particularmente nas estações de dormência e no início da primavera. Isto deve-se principalmente à maior quantidade de precipitação interceptada e evaporada pela folhagem das coníferas durante estes períodos. Os factores que afectam a evapotranspiração incluem a fase de crescimento ou o nível de maturidade da planta, a percentagem de cobertura do solo, a radiação solar, a humidade, a temperatura e o vento. As medições de isótopos indicam que a transpiração é o maior componente da evapotranspiração.

Através da evapotranspiração, as florestas reduzem a produção de água, exceto em ecossistemas únicos chamados florestas nubladas. As árvores das florestas nubladas recolhem a água líquida do nevoeiro ou das nuvens baixas para a sua superfície, que escorre para o solo. Estas árvores continuam a contribuir para a evapotranspiração, mas muitas vezes recolhem mais água do que a que evaporam ou transpiram.

Em áreas que não são irrigadas, a evapotranspiração real não é normalmente superior à precipitação, com alguma margem de manobra no tempo, dependendo da capacidade do solo para reter água.

Normalmente será menor porque alguma água se perderá devido à percolação ou ao escoamento superficial. Uma exceção são as zonas com lençóis freáticos elevados, onde a ação capilar pode fazer com que a água do lençol freático suba através da matriz do solo até à superfície. Se a evapotranspiração potencial for superior à precipitação efectiva, o solo secará, a menos que se recorra à irrigação.

2.2.3 Vegetação e transpiração

Hutjes *et al.*, (1998), Arora, (2002) e Gerten *et al.*, (2004) descobriram nos seus estudos que a vegetação e o ciclo da água, incluindo a relação entre a taxa de ETo e a produção de escoamento superficial, estão intrinsecamente ligados. De acordo com Clark *et al.*, (2001), o balanço hídrico da bacia é uma restrição fundamental à produtividade. Stephenson, (1990) acrescentou que isto também é verdade para a distribuição da vegetação terrestre. Do mesmo modo, a estrutura da comunidade vegetal e a localização geográfica são de importância primordial para a ETo e a dinâmica de geração do escoamento superficial (Dunn e Mackay, 1995). A transpiração é responsável pelo movimento da água dentro de uma planta e pela subsequente perda de água sob a forma de vapor através dos estomas nas suas folhas, e o tipo e a abundância de vegetação afectam significativamente a taxa global de ETo. As comunidades vegetais influenciam os processos de escoamento superficial de várias formas, incluindo a fenologia (Peel *et al.*, 2001), a maturidade das plantas (Neilson, 1995), a área foliar (Kergoat, 1998), o comportamento dos estomas (Skiles e Hanson, 1994) e a estratégia de enraizamento (Milly, 1997). Por sua vez, processos como o albedo, a interceção (Eckhardt *et al.*, 2003), a percentagem de cobertura do solo, a radiação solar, a humidade, a temperatura e o vento (Swank e Douglass, 1974) afectam as taxas de transpiração das plantas. As plantas herbáceas transpiram geralmente menos do que as plantas lenhosas porque têm tipicamente uma folhagem menos extensa. As florestas de coníferas tendem a ter taxas de ETo mais elevadas do que as florestas de folha caduca, o que se deve principalmente à maior quantidade de precipitação interceptada, evaporada e transpirada pela folhagem das coníferas durante o inverno e o início da primavera.

Está bem estabelecido que a redução do coberto florestal diminui a taxa de ETo e, subsequentemente, aumenta o escoamento superficial da bacia, enquanto a reflorestação reduz tipicamente o escoamento superficial (Bosch e Hewlett, 1982). Uma investigação levada a cabo por Trimble *et al.* (1987) revelou que, numa grande parte do sudeste dos Estados Unidos, as áreas florestais, durante um período de décadas, transpiraram cerca de 33 cm/ano (profundidade da área) mais do que outras coberturas do solo. A vegetação também afecta a ETo à escala global; por exemplo, a variabilidade do escoamento anual entre continentes é controlada não só por diferenças na precipitação, mas também pela distribuição geográfica de vários tipos de vegetação (por exemplo, sempre-verde vs. caducifólia; Peel *et al.,* 2001). Em áreas que não são irrigadas, a ETo real não é normalmente superior à precipitação, com algum amortecimento no tempo, dependendo da capacidade do solo para reter água. A ETo real será normalmente inferior à precipitação porque alguma água se perderá devido à percolação ou ao escoamento superficial. Uma exceção são as áreas com lençóis freáticos elevados, onde a ação capilar pode fazer com que a água do lençol freático suba através da matriz do solo até à superfície. Se a evapotranspiração potencial for significativamente maior do que a precipitação, então os solos secarão se não forem irrigados.

Um estudo efectuado por Horton, (1919), Wicht, (1941), Penman, (1963), Bosch e Hewlett, (1982), reconheceu o papel da vegetação no ciclo hidrológico. Turner, (1991), afirmou que estas investigações foram geralmente divididas em duas categorias. A primeira envolve experiências de "bacias emparelhadas", e as comparações entre mais de 90 bacias revelaram grandes variações na resposta do escoamento atribuíveis a diferenças na cobertura vegetal, com as bacias que têm uma cobertura florestal mais baixa a apresentarem uma maior produção de água devido a uma ETo mais baixa (Hibbert, 1967, Bosch e Hewlett 1982). A segunda categoria, i.e., estudos de balanço hídrico numa única bacia, é também utilizada para determinar o impacto da vegetação no escoamento superficial. Estes estudos não foram concebidos para estudar os efeitos específicos do uso do solo nas taxas de ETo e no balanço hídrico, mas abrangem um grupo diversificado de bacias hidrográficas com diferentes climas, vegetação e tipos de solo, fornecendo assim informação útil sobre o papel da vegetação no balanço hídrico da bacia.

2.3.0 Deteção remota e irrigação

Investigadores como D'Urso *et al.*, (1992), Bastiaanssen, (2000), Ambast *et al.*, (2006) e Papadavid *et al.*, (2011) destacaram a potencialidade das imagens de satélite multiespectrais para a avaliação da gestão da rega. A integração de dados de deteção remota com dados auxiliares de verdade terrestre para a obtenção de melhores resultados é comum na literatura de investigadores como Bastiaanssen *et al.*, (2003), Ambast *et al.*, (2006) e Minaccapili *et al.*, (2008). Ambast *et al.*, (2006) mostraram que a aplicação de dados de deteção remota na irrigação é de grande importância porque apoia a gestão da irrigação e é uma ferramenta poderosa nas mãos dos decisores políticos. Minaccapili *et al.*, (2008); Papadavid *et al.*, (2010) e Papadavid *et al.*, (2011) constataram que a investigação em ETo está direcionada para algoritmos de balanço energético que utilizam a deteção remota diretamente para calcular parâmetros de entrada e, combinando relações empíricas com modelos físicos, para estimar as componentes do orçamento energético. O aumento da pressão sobre a agricultura de regadio para reduzir o seu consumo de água torna a eficiência da rega ainda mais importante. Os profissionais da irrigação precisam de conhecer as últimas ideias e informações sobre o cálculo das necessidades hídricas das culturas. A evolução para a micro irrigação, a irrigação de precisão e a irrigação deficitária requerem uma estimativa mais exacta das necessidades hídricas das culturas. Estão a ficar disponíveis novas ferramentas de cálculo do crescimento das culturas e da utilização da água que podem otimizar o rendimento e a utilização da água.

2.4.0 Utilização do solo e evapotranspiração

De acordo com Bosch e Hewlett, (1982), diferentes práticas de utilização do solo têm efeitos diferentes nas taxas de ET e de escoamento superficial. Por exemplo, é bem conhecido que a conversão de áreas florestais em áreas urbanas ou agrícolas provoca um aumento do escoamento superficial. Este efeito, segundo eles, deve-se à redução da ETo em ambientes urbanos devido à diminuição da cobertura vegetal. Nas áreas florestais, a evaporação física também é aumentada pela área foliar, devido à "interceção" da precipitação. As culturas e as gramíneas também podem intercetar e transpirar a água da chuva, mas a taxas mais baixas do que nos ecossistemas florestais.

2.5.0 Modelo SEBAL

Bastiaanssen (1995) desenvolveu o SEBAL, que foi posteriormente modificado por Tasumi *et al.*, (2000). O autor desenvolveu originalmente o SEBAL em Espanha e no Egito, utilizando o Landsat 5TM. Além disso, Roerink *et al.* (1997) também aplicaram o mesmo sensor para monitorizar o desempenho na Argentina. O SEBAL tem sido utilizado com sucesso no Brasil em plantações de cana-de-açúcar, na região Norte Fluminense, no Estado do Rio de Jeneiro, Brasil. De acordo com Ruhoff *et al.*, (2012), o SEBAL foi usado para estimar a ETo a partir de imagens MODIS e comparar as estimativas calculadas a partir de métodos de covariância de Foucault baseados no solo. Ruhoff *et al.*, (2012) verificaram que o SEBAL tende a sobrestimar os resultados em comparação com as estimativas de covariância de Foucault. Noutro estudo, Teixeira (2010) comparou as estimativas baseadas no SEBAL com cálculos baseados no solo de várias fontes, utilizando a equação de Penman-Monteith (1998). O SEBAL e o METRIC partilham raízes comuns, mas o METRIC foi concebido para utilizar a equação de Penman-Monteith (1998) durante o processo de calibração. A abordagem do balanço energético é muito promissora para aplicação na África do Sul. O modelo SEBS, uma das abordagens de balanço energético, foi desenvolvido pelo Prof. Z Su, no ITC nos Países Baixos; a publicação de formulação Su, (2002) descreve o modelo e fornece as equações necessárias.

2.5.1 Modelo Carlson e Buffum.

Outro modelo desenvolvido por Carlson e Buffum e batizado com o nome dos autores, Carlson e Buffum, (1989) utilizou uma combinação de imagens de satélite NOAA-14 e NOAA-15. Foi utilizado nas planícies de Tessália, na Grécia (2003) e, quando comparado com o método de Penman-Monteith, os resultados mostraram que subestima a evapotranspiração durante os dias com uma velocidade do vento relativamente elevada.

2.5.2 Método de Granger

O método de Granger (2000) estima a evapotranspiração real diária através da aplicação de um modelo de evapotranspiração convencional no qual são importados alguns dados do solo, bem como estimativas de deteção remota da radiação líquida e do défice de pressão de vapor, utilizando uma relação de feedback com o cálculo da temperatura da superfície através dos dados dos canais de satélite infravermelhos. Numa experiência realizada na planície de Tessália, na Grécia, em 2003, e utilizando o Penman-Monteith da FAO como método de referência, verificou-se que, em dias com valores de velocidade do vento, o método parece subestimar a evapotranspiração real. Pelo contrário, sobrestima de forma significativa a evapotranspiração durante a fase de desenvolvimento da cultura.

2.5.3 Modelo SWAT

Um outro modelo, denominado modelo SWAT, foi utilizado em Tiangin, na China (entre 20022005). Este modelo incorpora os seguintes parâmetros: Clima, Hidrologia, Produção de sedimentos, Temperatura do solo, Crescimento das plantas, Nutrientes, Pesticidas e Gestão do solo. O método envolveu a subdivisão das bacias hidrográficas em várias sub-bacias hidrográficas associadas aos canais fluviais e cada sub-bacia hidrográfica é subdividida em unidades de resposta hidrológica (HRU) de acordo com a utilização das terras e o tipo de solo. As HRUs são as principais unidades de cálculo do modelo SWAT, que funciona normalmente numa escala temporal diária. Os impactos das actividades humanas no ciclo da água podem ser simulados no modelo SWAT, como a gestão na agricultura. Este modelo envolve a calibração do modelo utilizando o escoamento superficial dos rios. Este modelo não pôde ser adotado para este trabalho porque parâmetros como os pesticidas e os nutrientes podem não estar facilmente disponíveis. Além disso, o processo de subdivisão de uma bacia hidrográfica em unidades hidrológicas pode ultrapassar o tempo atribuído a este projeto.

2.5.4 Método de Brunsell e Gillies

Ayse Kilic, (2012), criou um método de estimativa da evapotranspiração. O seu trabalho, intitulado "GIS in Water Resources", foi posteriormente modificado por David Tarboton e ficou pronto em 6 de novembro de 2012. Este método, em parte, aplicou Brunsell e Gillies, (2003), para obter a fração de cobertura vegetal. O método escalona o NDVI para obter a fração de coberto vegetal e, em seguida, escalona a fração entre o NDVI de solo nu e um dossel completo. De acordo com French *et al.* (2000), este método funcionou com êxito na área de estudo de El Reno, Oklahoma. Este método assume que a fração da ET de referência é igual à fração da cobertura vegetal. Este trabalho de investigação também aplicou Brunsell e Gillies, (2003) para estimar a fração de coberto vegetal.

CAPÍTULO 3

MATERIAIS E MÉTODOS

Neste estudo foram utilizados dados primários e secundários que contêm atributos espaciais e não espaciais.

3.1 Aquisição de dados

3.11 Descarregar dados Landsat

Um conjunto de cenas Landsat TM da área de estudo (caminho 170 e linha 60) de 17/03/1995 foi utilizado para este estudo. Foi descarregado de www. glovis.usgs. gov. A resolução do Landsat é de 30x30m. O USGS fornece dados Landsat em formato geoTiff (TIFF). O fluxograma abaixo é um resumo dos procedimentos seguidos neste trabalho de investigação.

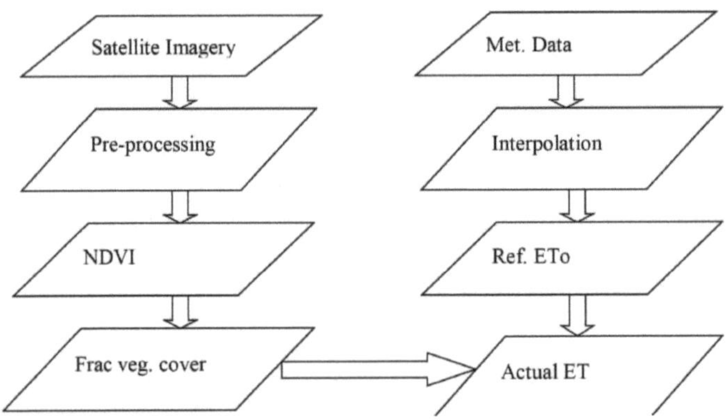

Figura 3.0 *Diagrama do fluxo de trabalho.*

Tabela I: Diversos softwares utilizados para a realização deste trabalho.

SOFTWARE	FUNÇÃO
ERDAS IMAGINE 9.2	• Empilhamento de camadas • Criar e executar o modelador • Cálculo do NDVI • Cálculo da fração do coberto vegetal
ENVI 4.7	Correção atmosférica/Processamento de dados de satélite .
ArcGIS 10.0	Processamento de imagens
FAOCLim 2	Processamento de dados meteorológicos
Calculadora ETo	Cálculo de ETo
Microsoft Office Excel	Introdução de dados meteorológicos
Microsoft Office Word	Processamento e edição de texto

3.12 Pré-processamento de imagens

O pré-processamento consiste nas operações que preparam os dados para uma análise subsequente que tenta compensar os erros sistemáticos. O pré-processamento também pode ser definido como as operações que são preliminares à análise principal. Neste estudo, foram utilizadas técnicas de pré-processamento como a correção atmosférica, o recorte, a projeção, a criação de um composto de cores e a interpolação.

3.13 Correção atmosférica

Após o descarregamento do conjunto de dados, este foi descomprimido para uma base de dados SIG. Os valores de radiância ou de número digital foram convertidos em valores de reflectância utilizando o software ENVI 4.7. A correção atmosférica (também conhecida como Correção Radiométrica) foi feita banda a banda para reduzir o ruído atmosférico, como a cobertura de nuvens, melhorando assim a visibilidade.

A correção radiométrica é utilizada para modificar os valores DN, a fim de ter em conta o mau funcionamento do sensor ou para ajustar os valores para compensar a degradação atmosférica.

O processo envolveu a aplicação de um algoritmo incorporado no software ENVI 4.7. O algoritmo transforma os valores de radiância do topo da atmosfera em valores de reflectância do topo da copa das árvores, utilizando informações predefinidas sobre o teor de aerossóis e a composição atmosférica do momento em que a imagem foi obtida.

3.14 Recorte

Depois de carregar a imagem SRTM, o ficheiro de forma da área de estudo foi sobreposto e depois utilizado para recortar o mapa da área de estudo.

3.15 Projeção de imagens

Todas as camadas da imagem foram projectadas para o mesmo sistema de coordenadas de WGS-1984 UTM zona 36N. Isto foi feito para garantir que todas as camadas estavam no mesmo plano.

3.16 Interpolação de splines

A interpolação spline interpola uma superfície raster a partir de pontos utilizando uma técnica spline bidimensional de curvatura mínima. O objetivo é produzir uma superfície suave que passe exatamente pelos pontos.

3.17 Cálculo do NDVI

Depois de criar o composto de cores, a banda vermelha foi atribuída a 3 e a banda 4 ao infravermelho próximo. O ERDAS Imagine 4.7 foi utilizado para calcular os valores NDVI.

NDVI, o índice de vegetação de diferença normalizada, é uma quantidade utilizada para avaliar o estado de saúde da vegetação e a presença de vegetação verde viva. O NDVI é calculado através da fórmula:

$$NDVI = \frac{(NIR-RED)}{(NIR+RED)},$$

Onde RED e NIR representam as medições de reflectância espetral adquiridas nas regiões do vermelho e do infravermelho próximo do espetro eletromagnético, respetivamente. O NDVI assume valores de -1 a 1. Quanto mais elevado for o NDVI, maior é a fração de vegetação verde viva presente.

A banda 4 do Landsat (0,77-0,90 μm) mede a reflectância na região NIR e a banda 3 (0,630,69 μm) mede a reflectância na região vermelha. Os resultados do NDVI foram utilizados como entrada para calcular a fração de cobertura vegetal.

3.18 Estimativa da fração do coberto vegetal

Os resultados do NDVI foram utilizados como entrada para esta fase. Para o efeito, foi utilizado o modelador do software ERDAS Imagine 9.2. O valor NDVI serviu como raster de entrada. O valor mínimo do NDVI foi de -1 para solo nu, enquanto o valor máximo foi de +1 para vegetação saudável.

3.19 Cálculo da evapotranspiração de referência

Os resultados da fração de cobertura vegetal foram utilizados como entrada para o cálculo da evapotranspiração de referência. Isto foi conseguido através da técnica de interpolação spline, tendo as estações meteorológicas servido como raster de entrada. O software FAOCLIM 2 forneceu os dados (secundários) para interpolar a evapotranspiração média mensal para as estações meteorológicas dentro e fora da área de estudo. Estes pontos serviram como dados pontuais que foram traçados na área de estudo para gerar um mapa de evapotranspiração de referência, como se mostra no capítulo quatro.

3.20 Cálculo da evapotranspiração real

A evapotranspiração real foi calculada utilizando o ArcGIS10.0. Os resultados da fração de cobertura vegetal são importados para o ambiente ArcGIS. A calculadora Raster foi utilizada para calcular a evapotranspiração real. Esta resulta do produto da evapotranspiração de referência e da fração de coberto vegetal.

3.21 Modelo Penman-Monteith

A FAO reconheceu a combinação Penman-Monteith como um dos métodos mais exactos para avaliar a ETo em diferentes etapas. Ficou conhecida como a aplicação FAO-56 Penman-Monteith e pode ser considerada como um padrão mundial. Um dos programas utilizados no cálculo da taxa de evapotranspiração, ou seja, a Calculadora de Evapotranspiração (Calculadora Eto), foi desenvolvido pela FAO. A evapotranspiração de referência média diária (ETo) é dada em (mm/dia) de acordo com a equação

$$ET_o = \frac{0.408\,\Delta(Rn-G) + \Upsilon\frac{900}{T+273U2}(es-ea)}{\Delta+\Upsilon(1+0.34U2).},$$

Onde, Rn é a radiação solar líquida à superfície da cultura (MJ/m2 dia),

G densidade do fluxo de calor do solo (MJ/m2 dia),

T temperatura média diária do ar a 2 m de altura (°C),

Velocidade do vento U2 a 2 m de altura (m/s),

es pressão de vapor saturado do ar (kPa),

ea A pressão real de vapor do ar (kPa),

Δ declive da curva de pressão de vapor do ar saturado (kPa/°C), e

γ é a constante psicrométrica (kPa/°C).

A constante psicrométrica, γ, é dada por,

$$\gamma = \frac{CpP}{\varepsilon\lambda}$$

Onde, P é a pressão atmosférica = 101,3 (kPa),

Cp calor específico a pressão constante = 1,005 (kJ/kg oC),

ε razão entre o peso molecular do vapor de água e o do ar seco = 0,622, e

λ é o calor latente de vaporização (MJ/kg) dado por Harrison [20] como,

(λ = 2,51- 2,361×10-3 T). Substituindo na equação (2), (γ) pode ser expresso como, γ = 1 / (15,33517 - 0,014425 T).

Allen *et al.*, (1998) descobriram que a pressão de vapor de saturação do ar (e_s, kPa) pode ser obtida a partir da relação

$$e_s = 0.6108 \exp\{\frac{17.27T}{T+237.3}\}.$$

O declive da curva da pressão de vapor de saturação do ar (Δ, kPa/° C) também pode ser obtido em termos da temperatura média do ar (T° C), como indicado por Murray (1967) na seguinte fórmula,

$$\Delta = \frac{4098\{0.6108 \exp(\frac{17.2T}{T+273.3})}{(237.3+T)2}.$$

Neste trabalho de investigação, os parâmetros acima referidos são incorporados no software FAO utilizado para estimar a evapotranspiração de referência e a evapotranspiração real.

CAPÍTULO 4

RESULTADOS E DISCUSSÃO

4.1 O mapa NDV1

A Figura 4.1, apresentada abaixo, é o resultado do mapa NDVI e dos valores obtidos a partir do ambiente ArcGIS. Foram obtidas cinco classes a partir do histograma, como se mostra. A partir das estatísticas, pode observar-se que o valor mais baixo de NDVI foi de -0,9 e o mais alto de +0,9. No primeiro conjunto de classes, os valores negativos que vão de -9,0 a -0,3 (apresentados como tons de azul claro no mapa) são águas pouco profundas. Consiste numa quantidade significativa de material não vegetativo, especialmente na altura da aquisição dos dados, o que explica o valor mais baixo de NDVI. No segundo conjunto, os valores variam entre -0,3 e 0,0. Isto aparece como tons de azul profundo no mapa. Representa águas profundas, especificamente o Lago Vitória. Aqui encontra-se muito pouca vegetação, como o jacinto de água. Embora a quantidade de vegetação não seja grande, a pouca que existe é mais saudável do que a da primeira classe. Os valores da terceira classe (apresentados a branco no mapa) variam entre 0,0 e +0,3. Trata-se provavelmente de superfícies de solo nuas e rochas expostas devido à erosão ao longo das encostas íngremes em direção à região do lago. Os valores NDVI são baixos devido às porções não vegetativas, como o solo, as rochas, as estradas e as regiões edificadas. A cor branca deve-se à baixa reflectância da radiação e à baixa emissividade térmica. A quarta classe é constituída por valores que variam entre +0,3 e +0,4 e simboliza uma vegetação menos densa em redor da região do lago e dos seus arredores. Isto deve-se, em parte, às culturas agrícolas, devido ao facto de a imagem de satélite ter sido obtida no mês de março, uma altura em que as culturas estão ligeiramente acima do joelho, e pode também dever-se à vegetação baixa ao longo da região do lago. A vegetação mais saudável, com valores que variam entre +0,4 e +0,9, apresenta tons de verde-escuro. Tendo em conta tudo isto, o valor médio do NDVI foi de +0,2.

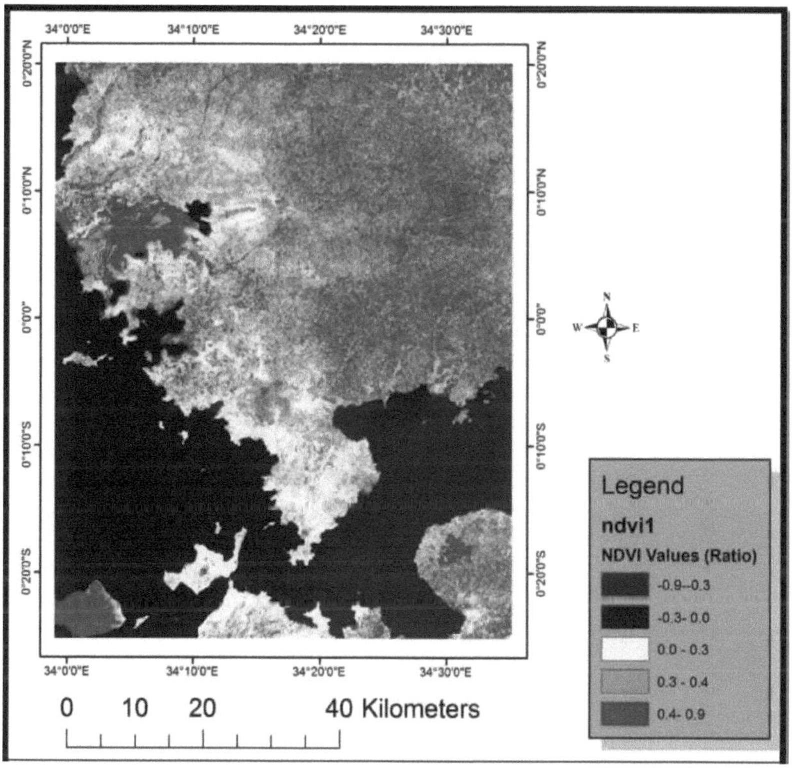

Figura 4.1 O NDVI do condado de Siaya e seus arredores.

4.2 Fração do coberto vegetal

A fração de cobertura vegetal produziu um histograma com cinco classes, como se mostra na legenda da Figura 4.2 abaixo. A primeira classe, que aparece em tons de azul, tem valores muito baixos de vegetação, variando de 0,002-0,243 (ou 0,2% a 24,3%). Isto é evidente pelo facto de se tratar de uma região coberta por água. A pequena percentagem aqui registada pode dever-se a plantas aquáticas. A segunda categoria, que se apresenta em tons de cinzento, é a dos aglomerados humanos/áreas construídas. A fração de cobertura vegetal varia entre 0,245 e 0,380 (24,5% e 38,0%). Isto pode dever-se a jardins de flores no recinto, relvados, canteiros de flores e árvores no recinto. A terceira categoria varia de 0,381 a 0,456 (38,1% a 45,6%) e manifesta-se como branco. Trata-se provavelmente de solo nu e de rochas expostas. A vegetação rasteira à volta das rochas e as superfícies de solo nu podem ser atribuídas a estes resultados. A quarta classe é constituída por vegetação menos densa que se manifesta em tons de verde claro, variando entre 0,456 e 0,530 (ou 45,6% e 53,0%). É provável que se trate de zonas agrícolas com culturas cultivadas e matagais baixos em redor da região do lago. A última classe é a vegetação densa, com a maior percentagem de cobertura vegetal, entre 53,0% e 90,2%. Trata-se de vegetação natural com copa espessa, daí o elevado valor da fração de coberto vegetal.

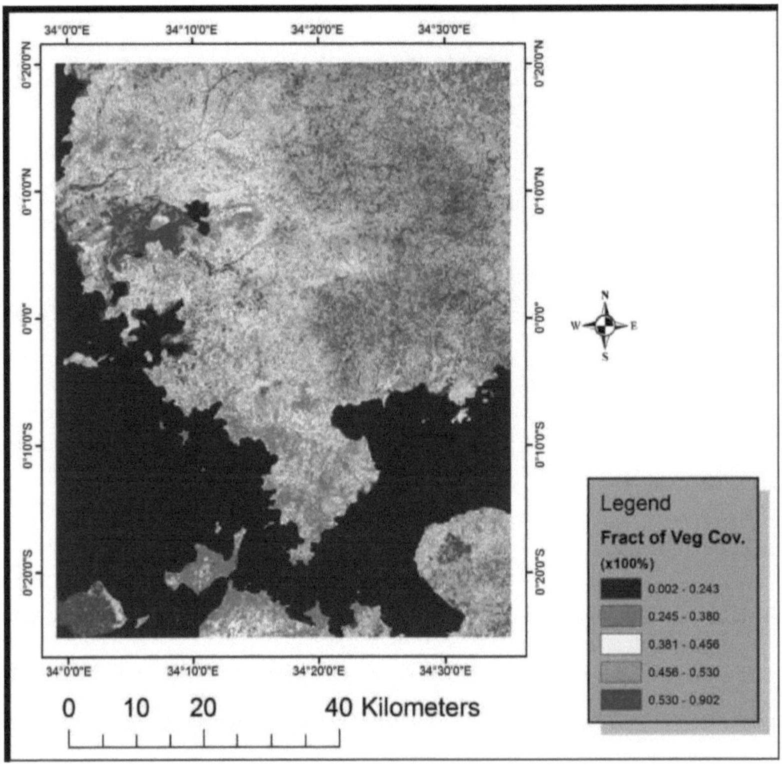

A figura 4.2 mostra os resultados da fração do coberto vegetal.

4.3 Evapotranspiração de referência

Estimámos a distribuição espacial da **Evapotranspiração de Referência (ET)** para as datas de passagem do Landsat de janeiro a dezembro do ano de 1995. Como já foi referido, a evapotranspiração de referência (ETr) reflecte a influência das condições meteorológicas na evaporação e na transpiração. É importante porque fornece dados básicos para a irrigação de culturas e distribuição de água nas zonas de irrigação. A Figura 4.3 abaixo ilustra os valores de ETr que variam de um mínimo de 1,2 mm/mês a 4,3 mm/mês. A influência do clima manifesta-se claramente, uma vez que se pode ver que as áreas com tons de laranja sofreram menos influência do clima. As regiões representadas por tons de amarelo e siema tiveram uma influência média do clima. As zonas montanhosas representadas por tons de azul sofreram o efeito máximo do clima e podem ser vistas como tendo registado a taxa mais elevada de ETr. Isto implica que um agricultor que pretenda irrigar a sua exploração em torno das regiões representadas por tons de azul deve ter em conta a forte influência dos parâmetros climáticos.

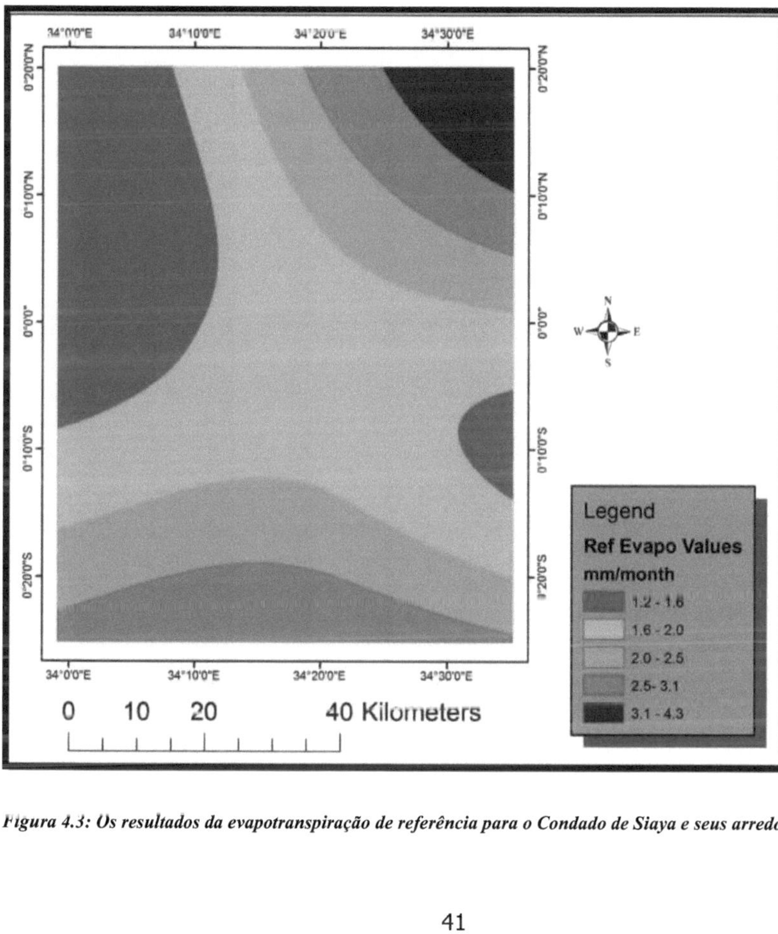

Figura 4.3: Os resultados da evapotranspiração de referência para o Condado de Siaya e seus arredores.

4.4 Evapotranspiração real

A evaporação real é a quantidade de água que é evaporada num dia normal. Como ilustrado na Figura 4.4 abaixo, este estudo calculou a Eta por mês, uma vez que os dados disponíveis eram mensais. O histograma produziu cinco classes de Eta, sendo a mais baixa na água e a mais alta na área terrestre principal. Uma vez que a evapotrasnpiração é uma combinação de evaporação e transpiração, a baixa taxa de ETa da água deve-se apenas à evaporação, uma vez que quase não existem plantas para transpirar. Quando o vento se desloca do lago em direção ao continente, transporta consigo vapor de água que, juntamente com a água transpirada pelas plantas, aumenta a quantidade de ETa. A vegetação natural e as culturas agrícolas também contribuem para a elevada taxa de eavapotranspiração. Isto deve-se ao facto de a data de aquisição dos dados de satélite, ou seja, março, ser uma altura em que as culturas estão à altura do joelho e o desenvolvimento da folhagem está no seu máximo.

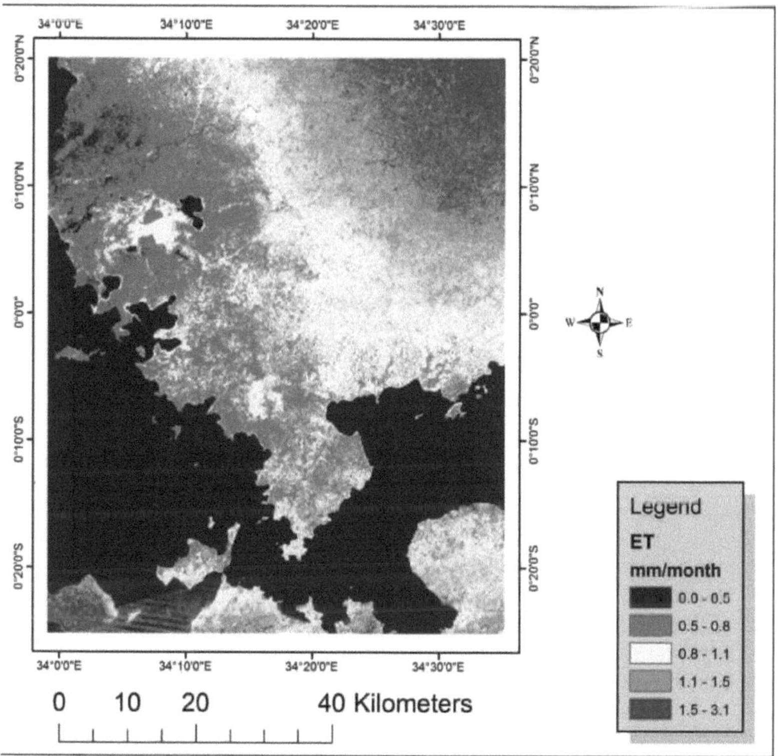

Figura 4.4: Evapotranspiração real (ETa).

CAPÍTULO 5

CONCLUSÃO E RECOMENDAÇÃO

Este trabalho de investigação examina a importância do conhecimento da evapotranspiração para conhecer as necessidades hídricas das culturas a partir de dados obtidos por deteção remota. A estimativa correta das necessidades hídricas das culturas é essencial para a poupança de água. Até à data, a equação de Penman-Monteith é predominantemente utilizada para calcular as necessidades hídricas das culturas ETo. Este trabalho de investigação utiliza o software de cálculo da ETo desenvolvido pela FAO para processar dados meteorológicos. A equação baseia-se principalmente na radiação solar. Outros parâmetros meteorológicos incluídos neste software são a humidade do ar, a pressão de vapor e a velocidade do vento. Para além deste software, também utilizámos o FAOClim2 da FAO para obter estes resultados.

Numa tentativa de estimar a taxa real de evapotranspiração, o NDVI da região e a ETo de referência são utilizados como entrada para estabelecer a ETo real. O resultado do NDVI serviu de entrada para a fração de coberto vegetal que, por sua vez, melhora o cálculo da ETo de referência. A eavapotranspiração real é um produto da fração de coberto vegetal e da ETo de referência. É sabido que a estimativa direta da taxa de evapotranspiração é uma tarefa difícil para a maioria dos investigadores. A partir da nossa discussão sobre a metodologia e os mapas apresentados acima, podemos concluir o seguinte:

1. Para o NDVI, o valor mínimo é -0,9 e o valor máximo é +0,9. O valor médio do NDVI é de 0,154, o que significa que a área de estudo tem uma vegetação saudável acima da média. As partes não vegetativas da área de estudo, como o lago, a vegetação morta, a areia ao longo das margens do lago, as áreas construídas e as rochas nas regiões montanhosas de Luanda e partes de Kakamega também apresentaram valores negativos de NDVI.

2. A ETo de referência, tal como se mostra no histograma, é muito elevada (4,3 mm/mês) nas

regiões junto ao lago e diminui à medida que se avança para as zonas altas de Kisii.

Esta informação é particularmente importante para os especialistas em rega, pois permite conhecer a influência do clima na evapotranspiração.

3. A ETa real varia de 0,0 mm/mês a partir do lago e aumenta em direção ao interior, onde a taxa é de 3,1 mm/mês. Este valor é multiplicado pela superfície da exploração considerada sob irrigação para obter o volume de água necessário para as culturas. A partir dos resultados deste estudo, gostaria de recomendar que se realizasse um trabalho semelhante numa base multitemporal, a fim de monitorizar as tendências de mudança da ETo e das necessidades hídricas das culturas. Gostaríamos também de recomendar que este trabalho de investigação seja implementado por governos, organizações e agricultores em geral que estejam interessados em práticas de irrigação e conservação da água. Por último, estes resultados representam uma ferramenta precisa e rápida para estimar o NDVI, ETr e a evapotranspiração real, ETa, que é efetivamente a necessidade de água das diferentes culturas. Por último, gostaria de apelar ao departamento de meteorologia para que crie o maior número possível de estações meteorológicas, a fim de permitir que os agricultores obtenham, tanto quanto possível, informações adequadas sobre os parâmetros meteorológicos. As estações disponíveis estão distribuídas de forma escassa. Devido à falta de conhecimentos, a maioria dos agricultores pode não ser capaz de interpolar estes dados.

REFERÊNCIAS

Allen, R. G., M. Tasumi, e R. Trezza. (2007). "Balanço energético baseado em satélite para mapeamento da evapotranspiração com modelo de calibração internalizada (METRIC)". *ASCE J. of Irrig. and Drain. Eng.*,133(4), 380-394.

Allen, R., Periera, L., Raes, D., e Smith, M. (1998). "Evapotranspiração das culturas, diretrizes para o cálculo das necessidades hídricas das culturas". *FAO Irrigation and Drainage Paper, 56*, Organização das Nações Unidas para a Alimentação e a Agricultura

Nações, Roma.

Allen, R.G., M. Tasumi, A. Morse, R. Trezza, J.L. Wright, W. Bastiaanssen, W. Kramber, Lorite-Torres e C.W. Robison. 2007. "Balanço de energia baseado em satélite para mapeamento da evapotranspiração com calibração internalizada (METRIC) - Aplicações". *ASCE J. of Irrig. and Drain. Eng.*, 133(4), 395 - 406.

Bastiaanssen, W. G. M., Menenti, M., Feddes, R. A., e Holtslang, A. A. (1998). "Um algoritmo de balanço de energia de superfície de deteção remota para a terra (SEBAL): Parte 1. Formulação". *Journal of Hydrology*, 212-213, 198-212.

Brunsell, N., e Gillies, R. 2003. "Scale issues in land-atmosphere interactions: implications for remote sensing of the surface energy balance." *Agrc Forest Meteor.* 117: 203-221.

Brunsell, N.A., e R. Gillies. (2002). "Incorporação da emissividade da superfície numa correção atmosférica térmica". *Photogramm. Eng. Sensores Remotos. J.* 68, 1263-1269.

Brunsell, N.A., e R. R. Gillies. (2003). "Análise de Escala de Comprimento de Fluxos de Energia de Superfície Derivados de Sensoriamento Remoto". Journal of Hydrometeorology, v 4, pp.1212-1219.

Courtault. D, B. Seguin e A. Olioso (2003). "Revisão para estimar a evapotranspiração a partir de dados de deteção remota: Alguns exemplos da relação simplificada para o uso de modelos atmosféricos de mesoescala". Workshop da ICID sobre Deteção Remota de ET para Grandes Regiões.

17th setembro de 2003. Pp.1-18.

Fortes, R.S., A.E. Platonov, e L.S. Preira (2005). "GISAREG- Um modelo de simulação de programação de rega baseado em SIG para apoiar uma melhor utilização da água." Agricultural Water Management 77(2005), pp. 159-179. Disponível online em www.sciencedirect.com.

Gad H.E e S.M. El-Gayar. (2010). "Efeito da radiação solar na evapotranspiração das culturas no Egito". Décima quarta Conferência Internacional de Tecnologia da Água, IWTC, 14 2010, Cairo, Egito, pp. 769-782.

Islam, S., Eltahir, E., Jiang, L., 2002. Estimativas de evapotranspiração baseadas em satélite. Relatório final do projeto apresentado ao South Florida Water Management District, p. 74.

Oberg, W.J e A.M., Melesse. (2006): "Dinâmica da evapotranspiração num sítio de restauração eco-hidrológica: An Energy Balance and Remote Sensing Approach". Jornal da Associação Americana de Recursos Hídricos. Associação Americana de Recursos Hídricos. junho de 2006, pp. 565-582. *Documento 56*, Organização das Nações Unidas para a Alimentação e a Agricultura, Roma, 300p.

Penman, H.L. (1948). "Evaporação natural de águas abertas, solo nu e relva". Proceedings of the Royal Society of London, Series A, 193,1032,(abril, 1948), pp. 120-145.

Priestley, C.H.B., Taylor, R.J., (1972). "Sobre a avaliação do fluxo de calor à superfície e da evaporação utilizando parâmetros de grande escala". Mon. Weather Rev. 100, 81-92.

Raghuveer. K.V., E.F. Wood, F.R. Craig e J.B. Fisher. (2011). "Estimativas globais da e vapotranspiração para estudos climáticos utilizando dados de deteção remota multi-sensor: Avaliação de três abordagens baseadas em processos". Journal of Remote Sensing of Environment.

Tsouni .A., K. Charalabos, K. Demetris e M. Nikos. (2008). "Estimativa da evapotranspiração real por deteção remota: Application in Thessaly Plain, Greece". Sensors 2008,8,pp.3586-3600;DOI:10.3390/s8063586. Disponível online em www.mdpi.org/sensors.

Tsouni. A., D. Koutsoyiannis, C. Kontoes, N. Mamasis, P. Elias. (2003). "Estimativa da evapotranspiração real por deteção remota: Aplicação na planície de Tessália, Grécia". Actas do Simpósio Internacional realizado em Volos, Grécia. 7-9th novembro de 2003.

Wang, K. C., Li, Z. Q., e Cribb, M. (2006). "Estimativa da fração evaporativa a partir de uma combinação de temperaturas diurnas e nocturnas da superfície terrestre e NDVI: Um novo método para determinar o parâmetro Priestley-Taylor". Sensoriamento Remoto do Meio Ambiente, v.102, pp 293-305.

MIX
Papier aus verantwortungsvollen Quellen
Paper from responsible sources
FSC® C105338

Printed by Books on Demand GmbH, Norderstedt / Germany